Fabian Heide

Aus der Reihe: e-fellows.net stipendiaten-wissen

e-fellows.net (Hrsg.)

Band 398

Elementarteilchen - Schwerpunkt Fermionen

GRIN Verlag

Bibliografische Information der Deutschen Nationalbibliothek:

Die Deutsche Bibliothek verzeichnet diese Publikation in der Deutschen National-
bibliografie; detaillierte bibliografische Daten sind im Internet über http://dnb.d-
nb.de/ abrufbar.

Impressum:

Copyright © 2010 GRIN Verlag GmbH
Druck und Bindung: Books on Demand GmbH, Norderstedt Germany
ISBN: 978-3-656-16385-5

Dieses Buch bei GRIN:

http://www.grin.com/de/e-book/191572/elementarteilchen-schwerpunkt-fermionen

Elementarteilchen
(Schwerpunkt Fermionen)

Hausarbeit im Fach Physik

zur Feststellung einer gleichwertigen Schülerleistung (GFS)

Eduard-Spranger-Gymnasium

Filderstadt

vorgelegt von

Fabian Heide

Kurs

12 D2

Filderstadt, April 2010

Inhaltsverzeichnis

Abbildungsverzeichnis

Tabellenverzeichnis

0 Vorwort

Es ist längst bekannt, dass die Elementarteilchen nicht mehr nur Protonen, Neutronen und Elektronen umfassen. Vielmehr gibt es heute unterschiedliche Kategorisierungen für den "Teilchenzoo", der durch die neuesten Forschungen entstanden ist. Eine Kategorisierung umfasst dabei die Gruppe der Fermionen, die im Folgenden behandelt werden sollen.

In Kapitel eins werde ich auf die Elementarteilchen im Allgemeinen eingehen, was man unter ihnen zu verstehen hat, sowie die grundlegenden Einteilungskriterien nach dem geltenden Standardmodell und die Grobdifferenzierung zwischen den zwei grundlegenden Gruppen.

Das zweite Kapitel umfasst anschließend die vier physikalischen Grundkräfte, denen in der Elementarteilchenphysik eine entscheidende Bedeutung zukommt und relevant für das Grundverständnis der Elementarteilchenphysik sind.

Kapitel drei behandelt dann die erste Gruppe der Fermionen, die Leptonen und die dazugehörigen Elementarteilchen sowie deren Eigenschaften.

Das vierte Kapitel befasst sich dann mit der zweiten Gruppe der Fermionen, den Quarks, wobei – analog zum dritten Kapitel – auf die einzelnen Arten von Quarks sowie deren Eigenschaften eingegangen werden soll.

Schließlich folgt ein kurzer Ausblick auf zukünftige Entwicklungen in der Elementarteilchenphysik.

1 Elementarteilchen

1.1 Grundlage

Der Begriff Elementarteilchen ist primär betrachtet verständlich, muss jedoch angesichts der nicht ruhenden Forschung immer wieder neu betrachtet werden. So galten beispielsweise lange Zeit die Nukleonen als solche Elementarteilchen, was nach heutigem Wissen jedoch falsch ist.

Eine knappe, aber zutreffende Definition der Elementarteilchen gibt Prof. Dr. Johannes Ranft: "Ein Teilchen wird als Elementarteilchen bezeichnet, wenn es aus keinen anderen Teilchen besteht, d.h. wenn keine Bestandteile identifiziert werden können."[1]

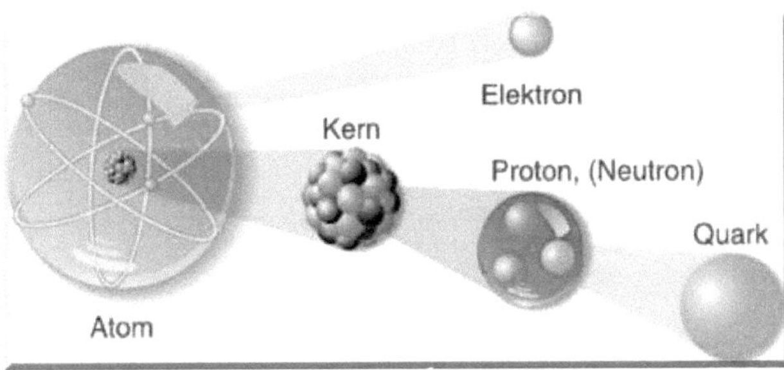

Abbildung 1: Vom Atom zum Elementarteilchen (http://pferd-doc.com/html/assets/images/Bild_atom_quark3.jpg)

Der Gedanke von "elementaren", also grundlegenden Teilchen, aus denen alles aufgebaut ist, wurde bereits 460 v. Chr. von dem griechischen Philosophen Demokrit geäußert. Sein "Atomistischer Materialismus" behandelt die Annahme, dass die gesamte Natur aus unteilbaren Atomen besteht. Demnach lautete seine Zentralaussage: "Nur scheinbar hat ein Ding eine Farbe, nur scheinbar ist es süß oder bitter, in Wirklichkeit gibt es nur Atome im leeren Raum."[2]

---

[1] Ranft, Johannes: *Bausteine des Universums - Quarks und Leptonen*, Berlin 1991, S .29

[2] Calpelle, Wilhelm: *Die Vorsokratiker, Fragmente und Quellenberichte*, Leipzig 1935, S. 135

Erst im 19. Jahrhundert wurde dieser Atomismus wieder aufgegriffen und genauer untersucht. Lord Ernest Rutherford konnte in seinem berühmten Rutherfordschen Streuversuch durch Beschuss mit Alphateilchen auf eine Goldfolie feststellen, dass ein solches Atom aus einem schweren, aber kleinen Atomkern und einer fast leeren, aber großen Atomhülle besteht.[3]

Mit der Entdeckung des negativ geladenen Elektrons in der Atomhülle durch den Briten Joseph John Thomson im Jahre 1897 war nach dem Coulombschen Gesetz aus dem Jahr 1785[4] klar, dass der Atomkern insgesamt positiv geladen sein muss. Eine präzisere Differenzierung forderte im Jahr 1920 nochmals Ernest Rutherford, nämlich der Bestand des Atomkerns aus Protonen und Neutronen. Dies konnte in den dreißiger Jahren des 20. Jahrhunderts experimentell bestätigt werden.

Die moderne Physik untersuchte die Nukleonen jedoch weiter und so vertrat im Jahr 1969 der amerikanische Physiker Richard Feynman aufgrund von Elektron-Proton-Experimente die These, dass Protonen nochmals zusammengesetzt sind aus viel kleineren Teilchen, den Quarks.[5] Damit ist die heutige Annahme von Quarks und Leptonen als fundamentalen Elementarteilchen zumindest größtenteils erreicht.

1.2 Einteilung der Elementarteilchen

Die Zusammensetzung von Nukleonen in die fundamentalen Elementarteilchen Quarks und den in den Atomhüllen vorhandenen Elektronen legt eine lokale Kategorisierung nahe. Dies trifft im weitestgehenden Sinne auch zu, allerdings wird dies bei dem heute vorhandenen "Teilchenzoo" unzureichend, da eine Lokalität einzelner Teilchen nicht mehr zuweisbar ist. Deshalb bedarf es zur Einteilung der Elementarteilchen anderweitiger Faktoren.

Diese basieren auf ganz grundlegenden physikalischen Eigenschaften, nämlich in erster Linie der Masse bzw. elektrischen Ladung. Masse, sofern messbar, und elektrische Ladung charakterisieren alle Leptonen und Quarks und dementsprechend deren Antiteilchen.[6]

---

[3] Waloschek, Pedro: *Neuere Teilchenphysik – einfach dargestellt*, Köln 1990; S.12

[4] http://de.wikipedia.org/wiki/Coulombsches_Gesetz

[5] Waloschek, Pedro: 1990, S. 14

[6] http://www.quantenwelt.de/quantenmechanik/eigenschaften/

Für eine bessere Übersicht bedient man sich deshalb der quantenmechanischen Eigenschaft Spin. Eine passende Erklärung für das bessere Verständnis des Spin liefert Prof. Dr. Pedro Waloschek: "Man kann sich die Teilchen mit Spin als winzige Kreisel vorstellen, zum Beispiel als kleine Kügelchen, die sich um ihre Achse drehen, muss aber dabei immer bedenken, dass dies nur eine anschauliche Analogie ist, die mit den wirklichen Teilchen nicht übereinstimmt."[7]

Dieser Spin kann nur halb- oder ganzzahlige, positive oder negative Werte annehmen, weshalb hier eine klare Kategorisierung zwischen den zahlreichen Teilchen der Materie möglich ist. Die daraus entstehenden Gruppen sollen im Folgenden behandelt werden.

1.3 Fermionen

Zu den Fermionen, benannt nach dem italienischen Physik Enrico Fermi, gehören all jene Elementarteilchen, die einen halbwertigen Spin besitzen.[8] Hierzu gehören sowohl die Quarks und die Leptonen als auch die Nukleonen, die jeweils aus drei Quarks zusammengesetzt sind, Protonen und Neutronen.[9] Daraus schließt sich, dass jegliche Materie aus Fermionen besteht.

Aufgrund des halbwertigen Spins unterliegen die Fermionen dem sogenannten Pauli-Prinzip.[10] Dieses besagt, dass Elektronen – oder allgemein gefasst – Fermionen nicht in demselben quantenmechanischen Zustand vorliegen dürfen, das heißt, dass sie sich in einer Quantenzahl unterscheiden müssen. Demnach können Elektronen beispielsweise nicht in demselben Orbital, das denselben Bahndrehimpuls um den Atomkern besitzt, im gleichen Spin vorliegen. Die einzige Möglichkeit einer Begründung der experimentellen Ergebnisse, dass Elektronen in demselben Orbital vorliegen, ist ein Vorzeichenwechsel des Spins – und damit die Veränderung einer Quantenzahl[11]

---

[7] Waloschek, Pedro: 1990, S. 70

[8] Waloschek, Pedro: 1990, S.71

[9] Lohmann, Erich: *Einführung in die Elementarteilchenphysik*, 2. überarbeitete und erweiterte Auflage, Stuttgart 1990; S. 61

[10] Waloschek, Pedro: 1990, S. 71

[11] Waloschek, Pedro: 1990, S. 71

1.4 Bosonen

Die nach dem indischen Physiker Satyendra Bose benannten Bosonen zeichnen sich im Gegensatz zu den Fermionen mit einem ganzzahligen Spin aus.[12] Einen ganzzahligen Spin besitzen zum einen die sogenannten Eichbosonen, die als Übertrager der vier Grundkräfte zählen (siehe hierzu Kap. 2), zum anderen alle Mesonen und Elemente mit geradzahliger Massenzahl im Atomkern.[13]

Da die Bosonen nicht dem Pauli-Prinzip unterliegen, können Bosonen im gleichen quantenmechanischen Zustand existieren, was für ihre Aufgabe als Eichbosonen eine relevante Eigenschaft ist.[14]

---

[12] Ranft, Johannes: 1991, S. 32

[13] http://de.wikipedia.org/wiki/Boson

[14] http://www.quantenwelt.de/elementar/bosonen.html

2 Die vier Grundkräfte

Zwischen den Elementarteilchen, und damit in der gesamten Natur, herrschen vier fundamentale Kräfte, die laut der Quantenphysik durch Austausch von sogenannten Feldquanten, den Eichbosonen, zwischen den einzelnen Elementarteilchen vermittelt werden.[15] Im Standardmodell der Elementarteilchenphysik werden drei der vier physikalischen Grundkräfte behandelt, die vierte Kraft, die Gravitationskraft, konnte bisher jedoch noch nicht in die Quantentheorie integriert werden, was für die moderne Physik wohl die größte Problematik darstellt.[16]

Kraft	Reichweite	relative Stärke	wirkt auf Teilchen	Feldquanten
Gravitation	unendlich	10^{-39}	alle Teilchen	Graviton?
Schwache Wechselwirkung	$<10^{-18}$ m	10^{-5}	Leptonen Quarks	$W^{\pm}, Z^{0}-$ Eichbosonen
Elektromagnetische Kraft	unendlich	$1/137$	geladene Teilchen	Photon
Starke Wechselwirkung	$<10^{-15}$ m	1	Hadronen Quarks	Gluonen

Tabelle 1: Die vier Grundkräfte im Überblick (Ranft, Johannes; Bausteine des Universums; S.20, Tabelle 3.1)

2.1 Gravitationskraft

Bisher war es für die Elementarteilchenphysik nicht von Interesse, die Gravitationskraft mit in das Standardmodell einzubinden, da diese bei der Korrelation von Elementarteilchen zu vernachlässigen ist – einfach, weil sie bei Massen in so kleinem Maß zu schwach ist. Als Verdeutlichung bezüglich der Gravitationskraft auf Teilchenebene gibt Prof. Dr. Johannes Ranft an: "Wäre das Wasserstoffatom nur durch die Gravitation gebunden, dann wäre der Durchmesser der kleinsten Elektronenbahn nicht 10^{-8} cm sondern größer als das beobachtbare Universum."[17]

---

[15] http://www.e12.physik.tu-muenchen.de/stud/vorlesungen/kienle/skripten/pkfolien/folien/b1_t.gif

[16] http://de.wikipedia.org/wiki/Grundkr%C3%A4fte

[17] Ranft, Johannes: 1991, S. 21

Und dennoch ist die Gravitationskraft allgegenwärtig, nach Isaac Newton zwischen jeglicher Materie, sogar zwischen Personen, da die eigentliche Gravitation in der Masse liegt. Und dank Albert Einstein und seiner Allgemeinen Relativitätstheorie wissen wir heute, dass die Gravitation vielmehr eine Scheinkraft ist, ein Resultat der Krümmung der Raumzeit durch eine Masse. Die Vereinigung der Quantentheorie und der Allgemeinen Relativitätstheorie wäre also ein weitreichender Fortschritt.

Als eine nicht nachweisbare Übergangslösung hat man als Eichboson der Gravitationskraft das masselose Graviton eingeführt, das scheinbar unendliche Reichweite besitzt. Das Graviton besitzt einen Spin von 2, während alle anderen Eichbosonen einen Spin von 1 besitzen. Dies hat seinen Grund in der Quantenelektrodynamik, die besagt, dass ein geradzahliger Spin zwischen zwei Teilchen gleicher Ladung anziehend wirkt, was der invariablen Gravitation entspricht, die niemals abstoßend wirkt.[18]

2.2 Elektromagnetische Wechselwirkung

Die Elektrizität tauchte bereits im antiken Griechenland auf, als der Philosoph Thales beobachtete, dass Bernstein, der zuvor gerieben wurde, Staubteilchen anzog. Mit der Entdeckung des elektrisch negativ geladenen Elektrons Ende des 19. Jahrhunderts ist klar, dass die Elektrizität auch auf Teilchenebene eine besondere Rolle spielt.
Parallel zur Elektrizität, ist auch der Magnetismus schon seit geraumer Zeit Bestandteil der Wissenschaft. Im späten Mittelalter waren die ersten Kompasse im Einsatz und nutzten das globale Magnetfeld. Mitte des 19. Jahrhunderts wurden schließlich erste Verbindungen zwischen Elektrizität und Magnetismus offenbart. Örsted entdeckte, dass ein Magnetfeld durch elektrischen Strom entstehen kann. Faraday konnte in seinem Induktionsgesetz eine Rückwirkung des Magnetismus auf die Elektrizität beweisen. Aufgrund dieser offensichtlichen Parallelität vereinte James Clerk Maxwell schließlich die beiden Erscheinungen zur elektromagnetischen Theorie.[19] Prof. Dr. Pedro Waloschek verdeutlicht dies nochmals: "Elektrizität und Magnetismus sind [ ] nur das Ergebnis einer einzigen Kraft."[20]

---

[18] http://de.wikipedia.org/wiki/Graviton

[19] Ranft, Johannes: 1991, S. 23

[20] Waloschek, Pedro: 1990, S. 27

Die elektromagnetische Kraft wirkt auf geladene Elementarteilchen. So bleibt ein Elektron wegen der Anziehung an die im Atomkern befindlichen Protonen in seiner Bahn. Angesichts des Coulomb'schen Gesetzes kann man eine weitere Eigenschaft der elektromagnetischen Kraft auf elementarer Ebene feststellen. Vergleicht man das Coulomb'sche Gesetz mit Newtons Gravitationsgesetz, ergibt sich eine Parallelität: Die Reichweite der elektromagnetischen Wechselwirkung zwischen zwei Ladungen ist, so wie die Gravitationskraft, ebenfalls unendlich.

Die Quantenelektrodynamik hat als Eichboson das Photon für die elektromagnetische Wechselwirkung eingeführt. Dies macht Sinn, da das Licht nichts anderes als elektromagnetische Strahlung ist, und nach dem Welle-Teilchen-Dualismus der Quantentheorie das Photon als eine Art "Lichtteilchen" bezeichnet werden kann. Wie alle Bosonen besitzt das Photon einen ganzwertigen Spin von 1. Außerdem ist das Photon ungeladen und masselos, sodass es sich mit Lichtgeschwindigkeit ausbreiten kann.[21]

2.3 Starke Wechselwirkung

In den 30er-Jahren des 20. Jahrhunderts wurde das Neutron im Atomkern entdeckt, was jedoch einige Fragen hervorrief. Wie konnten Neutronen die sich abstoßenden Protonen im Kern dennoch binden, sodass ein stabiler Atomkern resultierte? Es musste also dementsprechend eine starke Kraft, die einige Megaelektronenvolt Energie für die Bindung aufbringen könnte, zwischen den Nukleonen vorliegen, die jedoch nur den Atomkern beträfe und dementsprechend eine geringe Reichweite als Eigenschaft besitzen würde.[22] Bis zur Entdeckung der Quarks galten Nukleonen als Elementarteilchen und dementsprechend suchte man verzweifelt nach einer Kernkraft, die die Bindung zwischen Protonen und Neutronen erklären würde. Durch die Quarks lässt sich dies jedoch viel einfacher darstellen. Die starke Wechselwirkung zwischen den Quarks wirkt zwar nur im Hadron, kann aber, in Analogie zur Van-der-Waals-Kraft, im gesamten Atom, durch seine unregelmäßige Anordnung im Hadron auch nach außen wirken, wobei diese Kraft um einiges geringer ist, als die innerhalb des Hadrons. Die Bindungskraft zwischen Pro-

---

[21] Lohmann, Erich: 1990, S. 72

[22] Ranft, Johannes: 1991, S. 24

ton und Neutron im Atomkern lässt sich also als Restkraft der starken Wechselwirkung der Quarks verstehen.[23]

Anderen Quellen führen diese Annahme weiter und beschreiben einen Austausch von Quarks bei der Bindung zwischen Nukleonen. Einzige Voraussetzung hierfür ist, "dass im Endeffekt dabei wieder Blasen (also Nukleonen) entstehen, die ganzzahlige elektrische Ladungen haben."[24]

Tatsächlich erklärt die starke Wechselwirkung zahlreiche Phänomene in der praktischen Physik, zum Beispiel, wieso schwere Atomkerne so leicht zerfallen oder Quarks niemals einzeln vorkommen, wie beispielsweise Elektronen. Durch die kurze Reichweite der starken Wechselwirkung kann die Kernkraft nur an den direkt anliegenden Nukleonen im Kern wirken. Dabei ist wichtig, dass die Abstoßungskraft der Protonen, die allesamt eine positive Ladung besitzen, geringer ist, als die Kernkraft, die durch die starke Wechselwirkung der Quarks entsteht, da ansonsten der Kern zerfällt.

Bei schweren Atomkernen mit einer enormen Anzahl an Protonen, zum Beispiel Uran mit 92 Protonen im Atomkern, sind die weit reichenden Abstoßungskräfte dementsprechend groß. Dagegen kann die Bindungskraft jedoch weiterhin nur an den benachbarten Nukleonen angreifen, sodass ein instabiles Gerüst an Nukleonen entsteht. Bei beispielsweise Beschuss mit einem Neutron, gerät das Gleichgewicht im Kern außer Kontrolle und der Kern zerfällt.[25]

In der Quantenchromodynamik spielt außerdem die Farbe der Quarks eine große Rolle, wobei der Ausdruck "Farbe" nicht im herkömmlichen Sinne zu verstehen ist.[26] Diese Theorie der Farbkräfte versucht bisherigen offenen Fragen und Problemen eine Antwort zu geben.

Die erste Problematik besteht in der festen Zusammensetzung von Hadronen, wobei die Mesonen immer aus einem Quark-Antiquark-Paar aufgebaut sind, und die Baryonen immer aus drei Quarks bestehen. Vor der Theorie der Farbladungen der Ladungen konnte man sich nicht erklären, weshalb keine anderen Quark-Konfigurationen möglich waren, wie zum Beispiel vier oder fünf.

---

[23] Ranft, Johannes: 1991, S. 26

[24] Waloschek, Pedro: 1990, S. 20f.

[25] Ranft, Johannes: 1991, S. 24f.

[26] http://www.quantenwelt.de/kernphysik/kernkraft/starke.html

Darüber hinaus schien aus theoretischer Sicht das Pauli-Prinzip, das äquivalente quantenmechanische Zustände von Fermionen verbietet, auch bei den Wechselwirkungen der Quarks unangerührt richtig zu bleiben. Allerdings konnte man in der Praxis Hadronen beobachten, die aus drei identischen Quarks in eben diesem eigentlich verbotenen äquivalenten quantenmechanischen Zustand bestanden.

Erklärt werden diese Phänomene heute mit den drei Farbladungen eines Quarks, das entweder die Farbe rot, blau oder grün besitzen kann, bzw. mit den Antifarben der Antiquarks antirot, antiblau und antigrün. Insgesamt muss in einem Hadron jedes Quark eine andere Farbe besitzen und das Hadron muss insgesamt weiß bzw. farblos sein, was der Aufhebung der Farbladungen entspricht. Damit lässt sich zum einen erklären, wieso Hadronen nicht anderweitig aufgebaut sein können, da in einem Meson die Farbe des Quarks die Antifarbe des Antiquarks aufhebt und in einem Baryon insgesamt alle drei verschiedenen Farben der drei Quarks weiß bzw. farblos ergeben. Zum anderen widersprechen die identischen Quarks in einem Teilchen angesichts dieser Theorie nicht mehr dem Pauli-Prinzip, da sich die Quarks zumindest in der Farbe unterscheiden – und damit nicht vollkommen äquivalent sind.[27]

Außerdem verläuft die Farbkraft zwischen den Quarks antiproportional zur Energie und damit proportional zum Abstand. Eine anschauliche Analogie liefert Prof. Dr. Waloscheck: "Man kann sich die Farbkraft, die zwischen zwei Quarks wirkt, etwa wie ein Gummiband vorstellen. Bei größeren Abständen spannt sich das Band, die anziehende Kraft nimmt zu; bei sehr kleinen Abständen hängt das Band durch, und es besteht zwischen den Teilchen nur eine relativ schwache Kraft [...] Bei Abständen von der Größenordnung eines Femtometers nimmt die Kraft zwischen den Quarks schon sehr hohe Werte an."[28]

Dies erklärt auch, wieso bisher keine einzelnen Quarks gefunden werden konnten: Aufgrund der zunehmenden Farbkraft bei proportional zunehmenden Abstand ist es geradezu unmöglich, ein einzelnes Quark zu beobachten.

Wie die anderen Grundkräfte auch, besitzt die starke Wechselwirkung ebenfalls ein Eichboson, das die Kraft zwischen den Quarks vermittelt. Dieses nennt man Gluon, von

---

[27] Ranft, Johannes: 1991, S. 62, 64

[28] Waloschek, Pedro: 1990, S. 19

dem englischen Begriff "glue", übersetzt "Klebstoff", ist masselos und elektrisch neutral.[29]

Insgesamt gibt es acht verschiedene Gluonen, die ebenfalls eine eigene Farbe und Antifarbe besitzen. Die starke Wechselwirkung ist dadurch komplexer und unerforschter als die anderen drei Grundkräfte der Physik, da die Gluonen zusätzlich mit sich selbst korrelieren können, eine sogenannte Selbstwechselwirkung[30] möglich ist. Das bedeutet wiederum, dass die Gluonen als Kraftträger die Farbe der Quarks verändern können.

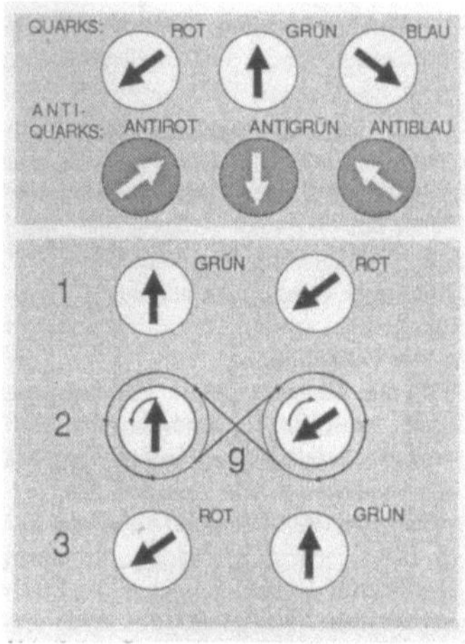

Abbildung 2 Darstellung ds Farbaustausches durch Gluonen (Waloschek, Pedro; Neuere Teilchenphysik - Einfach dargestellt; S,67 Abb. 3.11)

Gluonen können zudem urplötzlich in sogenannte virtuelle Mesonen, also Quark-Antiquark-Paare, zerfallen. Meistens bestehen die entstandenen Mesonen aus Quarks bzw. Antiquarks der ersten Generation, experimentell wurden aber auch Quarks aus der zweiten Generation im Nukleon entdeckt. Aufgrund der geringen mittleren Lebensdauer dieser aus Gluonen entstandenen Mesonen, die etwa 10^{-22} Sekunden beträgt, ist es für die Forschung allerdings hoch kompliziert, dieses Phänomen genauer zu ergründen.[31]

---

[29] http://de.wikipedia.org/wiki/Gluon

[30] http://www-ekp.physik.uni-karlsruhe.de/~deboer/html/Lehre/HS_WS0809/Gluon.doc

[31] Waloschek, Pedro: 1990, S. 68

2.4 Schwache Wechselwirkung

Die Entdeckung der schwachen Wechselwirkung ist so alt wie die der Radioaktivität. Nachdem im Jahr 1897 Antoine Henri Becquerel durch Zufall die radioaktive Strahlung entdeckt hatte, standen viele Physiker vor der Aufgabe, dieses Phänomen zu ergründen.[32] Den Zerfall eines Neutrons in ein Proton, ein Elektron und in ein weiteres Teilchen beim Betazerfall nahm 1930 zum ersten Mal Wolfgang Pauli an, drei Jahre später entwickelte Enrico Fermi diesen Gedanken weiter und taufte dieses bis dahin unbekannte Teilchen Neutrino.[33] Damit war die Energiebilanz zwar korrekt, für die ausschlaggebende Kraft, die den Zerfall des Neutrons erklärte, fehlte jedoch jeglicher Ansatz.

Nicht umsonst gilt die schwache Wechselwirkung als die komplizierteste Grundkraft der Physik. Seit der Entdeckung der Radioaktivität forschen Physiker an der Funktionsweise der schwachen Kraft, die an jeglichen Zerfällen beteiligt ist, und konnten erst gegen Ende des 20. Jahrhunderts erste vollständige und theoretisch belegbare Ergebnisse vorzeigen. Prinzipiell benötigt es bei der schwachen Wechselwirkung Fermionen, die am Zerfall beteiligt sind. Um den radioaktiven Betazerfall zu verstehen, braucht es die Einfuhr der drei Weakonen, der Eichbosonen, für die schwache Wechselwirkung.[34]

Allgemein ist bei dieser Grundkraft von Bedeutung, welche Art von Elementarteilchen beteiligt ist und ob Ladung eine Rolle spielt. Sind nur Quarks gegenwärtig, spricht man von einem hadronischen Prozess; sind ausschließlich Leptonen beteiligt, liegt ein leptonischer Prozess vor. Sind sowohl Quarks als auch Leptonen bei einem Prozess vorhanden, wie es auch beim Betazerfall der Fall ist, dann spricht man von einem semileptonischen Zerfall.

Die zweite Kategorie, die Ladung, bestimmt welches Eichboson an der Reaktion teilnimmt. Bei geladenen Prozessen kommen W-Bosonen zum Einsatz. Sie unterscheiden sich in ihrer negativen (W^-) oder positiven (W^+) elektrischen Ladung. Sie haben eine dementsprechende negative oder positive Elementarladung, eine Ruheenergie von etwa

---

[32] Waloschek, Pedro: 1990, S. 30

[33] http://de.wikipedia.org/wiki/Wolfgang_Pauli#Werk

[34] Ranft, Johannes: 1991, S. 27

80 425 Megaelektronenvolt und eine mittlere Lebensdauer von gerade einmal $3 \cdot 10^{-25}$ Sekunden.[35]

Sind Ladungen für den Prozess irrelevant ist das photonenähnliche Eichboson Z^0 aktiv. Dieses ist in seiner Ladung neutral, hat eine Ruheenergie von rund 91 188 Megaelektronenvolt und eine mittlere Lebensdauer von ebenfalls $3 \cdot 10^{-25}$ Sekunden.[36]

Für den radioaktiven Betazerfall gilt damit:

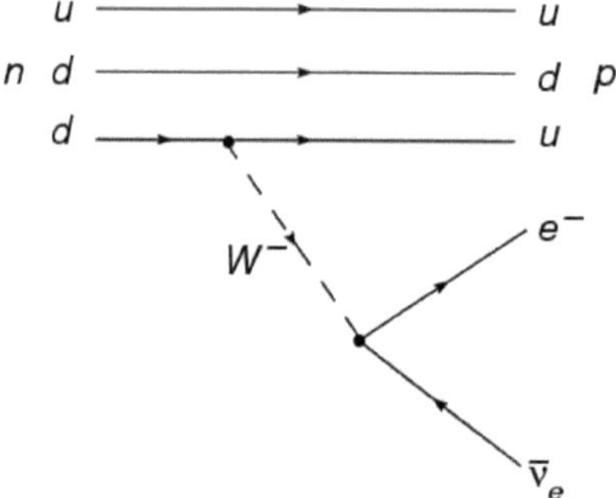

Abbildung 3: Betazerfall als Beispiel für die schwache Wechselwirkung
(http://upload.wikimedia.org/wikipedia/de/f/f5/BetaDecay.jpg)

Die insgesamt neutrale Ladung des Neutrons wird durch das Eichboson W⁻ beseitigt (das down-Quark des Neutrons wird in ein up-Quark verwandelt; siehe hierzu Kap. 4), sodass ein Proton, ein Elektron sowie ein Antineutrino (bzw. Neutrino; siehe hierzu Kap. 3.4) aus dem semileptonischen Prozess hervorgehen.[37]

---

[35] http://de.wikipedia.org/wiki/W-Boson

[36] http://de.wikipedia.org/wiki/Z-Boson

[37] http://de.wikipedia.org/wiki/Schwache_Wechselwirkung

3 Leptonen

Die Bezeichnung Lepton kommt ursprünglich von dem griechischen "leptos" und bedeutet leicht oder fein, ist in Anbetracht des heutigen Wissens nicht mehr ganz zutreffend. Die Namensnennung erfolgte noch zu Zeiten, als man glaubte, die Nukleonen seien unteilbar, weshalb sie dafür die Bezeichnung Baryon erhielten, also "schwere Teilchen". Zudem haben vereinzelte, vor Kurzem entdeckte Leptonen eine größere Masse als beispielsweise ein Nukleon, weshalb die Bezeichnung auch aus dieser Sicht unzutreffend ist.[38]

Name	Symbol	Ruhmasse MeV/c^2	elektrische Ladung
Elektron-Neutrino	ν_e	0 (?)	0
Elektron	e	0,511	−1
Myon-Neutrino	ν_μ	0 (?)	0
Myon	μ	106,6	−1
Tau-Neutrino	ν_τ	<164	0
Tauon	τ	1784	−1

Tabelle 2: Leptonen im Überblick (Ranft, Johannes; Bausteine des Universums; S.33, Tabelle 4.1)

Leptonen bilden zusammen mit den Quarks und den Eichbosonen die Fundamentalteilchen, die in Korrelationen die gesamte Materie ausmachen.[39] Diese Korrelationen können im Falle einer Ladung elektromagnetischer Art sein. Außerdem wirken schwache Wechselwirkung und die Gravitation zwischen ihnen.

Die Elektronen gehören den Fermionen an, haben also einen Spin von ½. Insgesamt gibt es heute sechs Leptonen, die drei verschiedenen geladenen Leptonen und ihre ungeladenen Neutrinos, die man alle aufgrund ihrer physikalischen Eigenschaften in drei Gruppen, oder auch Generationen, einteilt. Zudem hat jedes der sechs Leptonen auch ein Antilepton. Dieses Antilepton unterscheidet sich nur in der Ladung und im Spin. Ver-

---

[38] http://www.quantenwelt.de/elementar/leptonen.html

[39] Waloschek, Pedro: 1990, S. 31

bildlich bedeutet das, dass sich ein Antiteilchen gegen den Uhrzeigersinn drehen muss, wenn das ursprüngliche Lepton sich im Uhrzeigersinn dreht.[40]

3.1 Elektron

Das Elektron ist das wohl älteste Lepton, es wurde bereits im Jahr 1897 von Joseph John Thomson durch den Kathodenstrahl entdeckt[41] und gilt gleichzeitig als das wohl am meisten vertretene und stabilste Lepton mit einer mittleren Lebensdauer von über 10^{24} Jahren. Es gehört der ersten Generation der Leptonen zusammen mit dem Elektron-Neutrino und seinem Antiteilchen an.

Schließlich ist das Elektron in jedem Atom in der Atomhülle vertreten, übernimmt hier wichtige Funktionen, wie die Bindungsfähigkeit und bestimmt damit den Charakter eines Elements. Zudem sind sie für die elektrische Leitfähigkeit in Leitern durch freie Elektronen hauptverantwortlich. Mit seiner Masse von gerade einmal $9,1 \cdot 10^{-31}$ Kilogramm ist es zudem das leichteste Lepton. Elektronen haben außerdem eine elektrische Ladung von $1,6 \cdot 10^{-19}$ Coulomb.[42]

Das Antilepton des Elektrons ist das 1932 von Carl David Anderson experimentell entdecke Positron, das im Gegensatz zum Elektron eine positive Ladung besitzt, deren Betrag jedoch gleich ist. Überhaupt stimmen die Werte des Positrons mit den des Elektrons im Großteil überein. Ausnahme bleibt, neben dem Vorzeichen der elektrischen Ladung, das magnetische Moment. In einem Vakuum ist das Positron stabil, kann unter natürlichen Zuständen jedoch bei Kollision mit einem Elektron annihilieren, was bei ungleichnamiger Ladung keine Seltenheit ist.[43]

3.2 Myon

Wie auch die Elektronen besitzt das Myon eine elektrische Ladung von $1,6 \cdot 10^{-19}$ Coulomb und stimmt mit dem Elektron auch in allen Kategorien überein, abgesehen von der Masse, die beim Myon etwa 207 Mal größer ist und $1,88 \cdot 10^{-28}$ Kilogramm

---

[40] Ranft Johannes: 1991, S. 33f.

[41] Waloschek, Pedro: 1990, S. 12

[42] http://de.wikipedia.org/wiki/Elektron

[43] http://de.wikipedia.org/wiki/Positron

beträgt[44], und der mittleren Lebensdauer. Nach nur $2{,}2 \cdot 10^{-6}$ Sekunden[45] zerfällt das Myon in ein Elektron, ein Elektron-Antineutrino und ein Myon-Neutrino.[46] Außerdem gehört das Myon der zweiten Generation, zusammen mit dem Myon-Neutrino und den entsprechenden Antiteilchen, an.

Das Myon wurde 1936 von Carl David Anderson entdeckt, der bereits das Positron vier Jahre zuvor bei der Untersuchung von kosmischer Strahlung vorgefunden hatte.[47]

Wie alle Antileptonen unterscheidet sich das Antimyon ebenfalls nur in dem Vorzeichen der Ladung, besitzt also neben der Masse dieselben Eigenschaften wie das Positron.

3.3 Tauon

Das schwerste Lepton des Standardmodells ist das Tauon und gehört der dritten Generation, zusammen mit dem Tau-Neutrino und deren Antileptonen. Dieses Elementarteilchen wurde gegen Ende der 70er-Jahren des 20. Jahrhunderts von einer Physikergruppe an einem großen Teilchenbeschleuniger in Stanford entdeckt.

Die Masse des Tauons beträgt das rund 3478-fache des Elektrons, nämlich $3{,}168 \cdot 10^{-27}$ Kilogramm. Die Ladung stimmt mit dem des Elektrons und des Myons überein, ebenso der Spin.[48] Allerdings ist das Tauon ein sehr kurzlebiges Elementarteilchen mit einer mittleren Lebensdauer von gerade einmal $3{,}3 \cdot 10^{-13}$ Sekunden.[49] Dann zerfällt es auf verschiedene Weisen, nämlich durch leptonischen oder hadronischen Zerfall, in unterschiedliche Produkte. Die einzelnen Zerfallsmoden sind mit einer eintretenden Wahrscheinlichkeit versehen.

Prof. rer. nat. Erich Lohrmann aus der Universität Hamburg gibt für die ersten zwei von ihm erläuterten Zerfallsmöglichkeiten die Universalität von Elektron und Myon an. Die leptonischen Zerfallsprodukte des Tauons wären somit ein Elektron bzw. Myon, ein Elektron- bzw. Myon-Antineutrino sowie ein Tauon-Neutrino. Der dritte von ihm erläu-

---

[44] http://de.wikipedia.org/wiki/Myon

[45] Lohmann, Erich: 1990, S. 63

[46] Lohmann, Erich: 1990, S. 119

[47] http://de.wikipedia.org/wiki/Myon

[48] http://de.wikipedia.org/wiki/Tau-Lepton

[49] Lohmann, Erich: 1990, S. 63

terte, hadronische Zerfall beinhaltet das Zerfallsprodukt Tauon-Neutrino und ein beliebiges negativ geladenes Hadron, das aufgrund einer Quark-Antiquark-Korrelation entsteht.[50]

Das Anti-Tauon besitzt dieselben Eigenschaften wie das Antimyon auch, nämlich als einzige Differenzierung vom Tauon der Vorzeichenwechsel der Ladung. Alle anderen Eigenschaften bleiben erhalten.

3.4 Neutrinos

Jedes der drei Generationen und den entsprechenden geladenen Elementarteilchen ist außerdem ein Neutrino und Antineutrino zugeordnet. Neutrino bedeutet so viel wie "kleines Neutron" und ist demnach ungeladen.[51] Somit können zwischen Neutrinos auch keine elektromagnetischen Wechselwirkungen vorliegen, sondern nur die Gravitation und die schwache Wechselbeziehung.

Die Masse der Neutrinos ist noch relativ unklar. Bisher sind nur obere Grenzen sicher, da die Neutrinos geradezu ungehindert und spurlos Materie durchbrechen. So hat das Elektron-Neutrino laut einem Messergebnis aus dem Jahr 2006 eine maximale Masse von etwa 2 Elektronenvolt pro Lichtgeschwindigkeit im Quadrat.[52] Ältere Messergebnisse setzen die obere Grenze dementsprechend höher, so hat man im Jahr 2001 in Mainz Neutrinomassenexperiment ein maximales Limit für die Ruheenergie des Elektron-Neutrino von 2,2 Elektronenvolt angesetzt.[53]

Für das Myon-Neutrino ergab sich am PSI in Zürich eine obere Grenze für die Ruheenergie von etwa 170 Kiloelektronenvolt.[54]

Das Tauon-Neutrino hat wohl die am höchsten theoretisch angesetzte obere Grenze von etwa 15,5 Megaelektronenvolt. Die aktuellsten praktischen Messergebnisse aus dem

---

[50] Lohmann, Erich: 1990, S. 119

[51] Lohmann, Erich: 1990, S. 63

[52] http://de.wikipedia.org/wiki/Neutrino#Neutrinomasse

[53] http://web.physik.rwth-aachen.de/~hebbeker/lectures/sem0304/altenhoefer.pdf

[54] http://web.physik.rwth-aachen.de/~hebbeker/lectures/sem0304/altenhoefer.pdf

Jahre 1998 stammen aus Genf vom Aleph-Detektor und betragen 18,2 Megaelektronen-volt.[55]

Es ist war jedoch lange Zeit nicht eindeutig erwiesen, ob Neutrinos überhaupt über eine Masse verfügen. Messungen aus Japan mithilfe des "KamLAND"-Detektors jedoch untermauern mittlerweile die Annahme, dass Neutrinos eine Masse besitzen müssen. Die dortigen Physiker konnten beobachten, dass die theoretische Anzahl an Neutrinos dem am Ende vorliegenden Messergebnis stark abwichen. Dies führte zur Theorie, dass die Neutrinos sich in Neutrinos anderer Art verändern können, wofür jedoch eine Masse notwendig ist.[56]

Auch die Differenzierung zwischen Neutrino und Antineutrino ist nicht eindeutig ge-klärt. Der Zweifel entstand bei Ergebnissen eines doppelten Betazerfalls der Heidel-berg-Moscow-Collaboration, die besagten, dass bei der Spaltung von 76-Germanium keine Neutrinos vorhanden waren.[57] Das Max-Planck-Institut vermutet deshalb die Äquivalenz von Neutrino und Antineutrino, weshalb aufklärende Untersuchungen mit dem Germanium Detector Array (GERDA) geplant sind, was jedoch nicht ganz unprob-lematisch sein dürfte.[58] Prof. Dr. Hofmann vom Max-Planck-Institut für Kernphysik konnte den theoretischen Ansatz über die Äquivalenz von Neutrino und Antineutrino in dem Szenario von Majorana verbildlichen:

"In einem Szenario für die Natur der Neutrinos (Majorana) unterscheiden sich Neutrino und Antineutrino nur dadurch, dass in einem Fall der Spin (= Drehimpulsvektor) entge-gen der Flugrichtung zeigt, im anderen Fall in Flugrichtung, d.h. der Drehsinn ist ver-schieden. Wenn ein Teilchen masselos ist (d.h. sich mit Lichtgeschwindigkeit bewegt), ist diese Spin-Ausrichtung eine sinnvolle Größe. Wenn Neutrinos – wie inzwischen bekannt [*ich verweise auf die zuvor erwähnten Ergebnisse vom "KamLAND" Detektor aus Japan*] – eine kleine Masse haben, so fliegen sie nicht ganz mit Lichtgeschwindig-keit und man kann sie "überholen". Dabei ändert sich die Flugrichtung (relativ zum Be-

[55] http://web.physik.rwth-aachen.de/~hebbeker/lectures/sem0304/altenhoefer.pdf

[56] http://sciencev1.orf.at/science/news/63826

[57] http://prd.aps.org/abstract/PRD/v55/i1/p54_1

[58] http://www.mpi-hd.mpg.de/mpi/fileadmin/files-mpi/Flyer/GERDA_de.pdf

obachter fliegt das Neutrino "nach hinten"), der Drehimpuls ändert sich aber nicht. Allein durch das Überholen ist damit aus einem Neutrino ein Antineutrino geworden!"[59]

---

[59] Anlage A1

4 Quarks

Lange Zeit galt das Proton und Neutron als Elementarteilchen, da man annahm, dass sie unteilbar wären. Die Problematik entwickelte sich jedoch mit der Zeit, als immer mehr Teilchen, die größtenteils allerdings äußerst instabil waren, auftauchten und sich schließlich der Begriff "Teilchenzoo" in der Elementarphysik etablierte.[60] Durch Elektron-Proton-Experimente in den 60er-Jahren des letzten Jahrhunderts konnte man schließlich punktförmige Ladungen innerhalb des Nukleons feststellen, die die schon vorausgegangene Theorie der Quarks bestätigte.[61]

Name	Symbol	Ruhmasse MeV/c^2	elektrische Ladung
up	u	≈ 5	2/3
down	d	≈ 9	−1/3
charm	c	≈ 1500	2/3
strange	s	≈ 300	−1/3
top	t	>22500 hypothetisches Teilchen	2/3
bottom	b	5000	−1/3

Tabelle 3: Quarks im Überblick (Ranft, Johannes; Bausteine des Universums; S.35, Tabelle 4.2)

Die aus den bisher sechs bekannten, aber nicht vollständig nachgewiesenen Quarks zusammengesetzten Teilchen nennt man Hadronen. Zu den Hadronen gehören die Baryonen, wie beispielsweise die Nukleonen, und die Mesonen. Baryonen bestehen immer aus drei Quarks, die in unterschiedlicher Kombination entsprechend viele Hadronen bilden können. Mesonen dagegen bestehen aus einem Quark-Antiquark-Paar. Aus den Elementarladungen der Quarks sind jegliche Hadronen mit einer ganzzahligen Ladung

---

[60] Ranft, Johannes: 1991, S. 34

[61] Waloschek, Pedro: 1990, S. 14

versehen, die wegen der zahlreichen Kombinationsmöglichkeiten auf verschiedene Arten entstehen können.[62]

Quarks haben besondere Eigenschaften. Ihre Ladung beträgt immer -1/3 oder 2/3 der Elementarladung $1{,}6 \cdot 10^{-19}$ Coulomb. Die Generationen unterscheiden sich einzig in ihrer Ruhemasse. Mit dem Spin 1/2 gehören die Quarks wie auch die Leptonen zu den Fermionen und unterliegen zudem als einzige Elementarteilchen allen Grundkräften der Physik, der starken Wechselwirkung – oder auch Farbkraft –, der schwachen Wechselwirkung, der elektromagnetischen Wechselwirkung und der Gravitation.[63] Aufgrund der starken Wechselwirkung konnten noch nie einzelne Quarks, wie vergleichsweise die Elektronen beobachtet werden.[64]

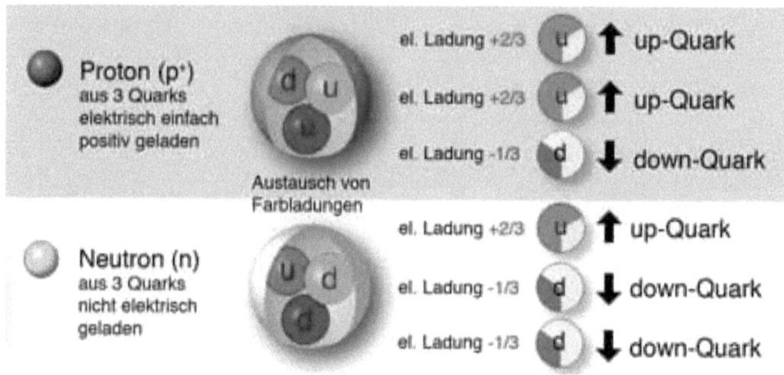

Abbildung 4: Aufbau von Proton und Neutron
(http://www.welsch.com/gallery/bitmap/Bau_von_Proton_und_Neutron_339.jpg)

Jedes natürliche Atom ist aus der ersten Generation der Elementarteilchen aufgebaut. Das heißt neben dem Elektron in der Atomhülle sind das up- und das down-Quark fundamentaler Bestandteil im Atomkern. Protonen bestehen demnach aus zwei up-Quarks und einem down-Quark, sodass am Ende eine einfache, positive Elementarladung entsteht; Neutronen aus einem up-Quark und zwei down-Quarks, sodass am Ende eine neutrale Ladung vorhanden ist.[65]

---

[62] Ranft, Johannes: 1991, S. 34f.

[63] http://www.quantenwelt.de/elementar/quarks.html

[64] Schumacher, Uwe: *Physik der Materie*, Stuttgart 2002, S. 19

[65] Waloschek Pedro: 1990, S. 17

4.1 Up-Quark

Das up-Quark gehört der ersten Generation an und ist damit Bestandteil aller Nukleonen. Es wurde bereits theoretisch von dem US-amerikanischen Physiker und Nobelpreisträger Murray Gell-Mann und dem gebürtigen russichen Physiker George Zweig im Jahre 1964 vermutet und vier Jahre später im Stanford Linear Accelerator Center in den USA schließlich experimentell bestätigt.

Die Masse lässt sich, wie bei allen Quarks, nur vermuten und liegt etwa zwischen 1,5 bis 3,3 Megaelektronenvolt pro Lichtgeschwindigkeit im Quadrat. In Verbindung mit anderen Quarks in beispielsweise Nukleonen ist die Masse aufgrund der Bindungsenergie oftmals verfälscht. Die Ladung des up-Quarks entspricht 2/3 der Elementarladung, weshalb es zweifach in Verbindung mit einem down-Quark im Proton vorkommt, und einfach in Kombination mit zwei down-Quarks im Neutron. Das Antiteilchen des up-Quarks ist das up-Antiquark mit entsprechendem Vorzeichenwechsel der Ladung.[66]

4.2 Down-Quark

Ebenfalls zur ersten Generation angehörend ist das down-Quark – und somit zweiter Bestandteil der Nukleonen in jeglichem Atomkern. Es wurde neben dem up-Quark ebenfalls 1968 im Stanford Linear Accelerator Center in den Vereinigten Staaten experimentell nachgewiesen.

Das down-Quark besitzt eine Masse zwischen 3,5 und 6 Megaelektronenvolt pro Lichtgeschwindigkeit im Quadrat. Seine Ladung ist -1/3 der Elementarladung von $1,6 \cdot 10^{-19}$ Coulomb. Das entsprechende Antiteilchen ist das down-Antiquark.[67]

4.3 Strange-Quark

Das erste Quark der zweiten Generation ist das strange-Quark, das infolge nicht erklärbarer Baryonen von Murray Gell-Mann eingeführt wurde.

"Seltsam", wie der Name schon annehmen lässt, war die Eigenschaft des Teilchens, dass es eine relativ lange Lebensdauer von etwa $5 \cdot 10^{-8}$ Sekunden[68] hat und, mit Aus-

---

[66] http://en.wikipedia.org/wiki/Up_quark

[67] http://en.wikipedia.org/wiki/Down_quark

nahme der Masse, dem down-Quark auch sonst sehr ähnelt. Demnach ist seine Ladung ebenfalls -1/3 der Elementarladung, die Masse dagegen größere, nämlich etwa 70 bis 130 Megaelektronenvolt pro Lichtgeschwindigkeit im Quadrat. Das Antiteilchen des strange-Quarks ist das strange-Antiquark mit positiver Ladung.[69]

4.4 Charm-Quark

Ebenfalls zur zweiten Generation gehört das charm-Quark, das im Jahre 1970 von den Physikern Sheldon Glashow, Luciano Maiani und John Oliopoulus theoretisch begründet wurde, jedoch erst vier Jahre später am Stanford Linear Accelerator Center eindeutig bewiesen werden konnte.

Die mittlere Lebensdauer eines charm-Quarks beträgt etwa 10^{-12} Sekunden, die Masse beträgt in etwa 1,27 Gigaelektronenvolt pro Lichtgeschwindigkeit im Quadrat, was sich von den bisherigen Quarks klar differenziert. Das charm-Quark hat zudem die Ladung von 2/3 der Elementarladung, sein Antiteilchen heißt entsprechend charm-Antiquark.[70]

4.5 Bottom-Quark

Das erst 1977 am Fermi National Accelerator Laboratory nahe Chicago entdeckte bottom-Quark ist das erste Quark in der dritten und bisher letzten Generation der Elementarteilchen, zusammen mit dem top-Quark, dem Tauon und dem dazugehörigen Neutrino.

Das bottom-Quark hat eine Masse von ungefähr 4,2 Gigaelektronenvolt pro Lichtgeschwindigkeit im Quadrat und eine Ladung von -1/3 der Elementarladung. Der Name "bottom" rührt vermutlich in Anlehnung an die erste Generation her, da es das schwerste, negativ geladene Quark ist. Das Antiteilchen heißt bottom-Antiquark.[71]

68

http://www.physicsmasterclasses.org/exercises/kworkquark/de/lexikon/lexikon.strangequark/1/index.html

[69] http://en.wikipedia.org/wiki/Strange_quark

[70] http://en.wikipedia.org/wiki/Charm_quark

[71] http://en.wikipedia.org/wiki/Bottom_quark

4.6 Top-Quark

Das letzte und schwerste Quark ist das top-Quark. Es wurde erst im Jahre 1995 am Fermi National Accelerator Laboratory entdeckt, wobei es bereits im Jahre 1977 in Anlehnung an das bottom-Quark vorausgesagt wurde.

Das top-Quark ist das einzige Quark, das keinerlei Verbindungen eingehen kann, da es eine mittlere Lebensdauer von gerade einmal $5 \cdot 10^{-25}$ Sekunden hat, wobei dies 20 Mal kürzer ist, als nötig wäre, um eine hadronische Wechselwirkung einzugehen. Es besitzt zudem die schwerste Masse von allen Elementarteilchen von etwa 173,1 Gigaelektronenvolt pro Lichtgeschwindigkeit im Quadrat. Die Ladung beträgt 2/3 der Elementarladung, wobei auch hier die Bezeichnung "top" vermutlich aufgrund der Tatsache eingeführt wurde, dass das top-Quark das schwerste, positiv geladene Elementarteilchen ist. Das Antiteilchen heißt entsprechend top-Antiquark.[72]

---

[72] http://en.wikipedia.org/wiki/Top_quark

5 Ausblick

Das Standardmodell der Elementarteilchenphysik, das in den 70er-Jahren des vergangenen Jahrtausends eingeführt wurde und bis heute gültig ist, wird angesichts heutiger Kenntnisse oftmals als überholt und unvollendet angesehen – so auch das Max-Planck-Institut für Kernphysik, das einige Fragen anführt, die das momentan geltende Modell der Elementarteilchen nicht beantwortet. Hierzu gehören unter anderem auch die Fragen nach der "dunklen Materie im Universum" oder wie sich die Gravitation teilchenphysikalisch erklären lässt. Demgegenüber stehen neue Konzepte, wie die Supersymmetrie oder Flavoursymmetrien, die vom Max-Planck-Institut befürwortet werden.[73]

Außerdem stellt sich bis heute die Frage, wie die Masse der Eichbosonen mathematisch erklärbar ist, und die Peter Higgs bereits vor über 40 Jahren mit der Einfuhr des hypothetischen Higgs-Bosons versuchte zu erklären. Der Ansatz, der das heutige Standardmodell erweitert, ist jedoch bis heute umstritten, konnte dieses neue Boson nämlich bis heute nicht nachgewiesen werden.[74]

Natürlich ist der Begriff des "Teilchenzoos" nicht unbegründet und die Erstellung eines entsprechenden Systems für die Kategorisierung der Elementarteilchen ist, schon allein durch die zahlreichen Unklarheiten in der Quantenphysik, die bis heute vorherrschen, eine große Herausforderung.

Doch bereits Albert Einstein wusste: "Mehr als die Vergangenheit interessiert mich die Zukunft, denn in ihr gedenke ich zu leben." In diesem Sinne sollte man die noch längst nicht beendeten Entwicklungen in der Elementarteilchenphysik mit Aufmerksamkeit verfolgen.

---

[73] http://www.mpi-hd.mpg.de/mpi/fileadmin/files-mpi/Flyer/Standardmodell.pdf

[74] http://www2.uni-wuppertal.de/FB8/groups/Teilchenphysik/oeffentlichkeit/Higgsboson.html

Anhang

Anlage A1

Korrespondenz mit Prof. Dr. Hofmann vom Max-Planck-Institut für Kernphysik

> Sehr geehrter Herr Prof. Dr. Hofmann,
> ich beziehe mich auf Ihre Untersuchungen mithilfe des Germanium Detector
> Array (GERDA) über das Verhältnis zwischen Neutrino und Antineutrino und
> deren mögliche Äquivalenz.
> Infolge einer schulischen Hausarbeit über Fermionen würde ich gerne in
> Erfahrung bringen, wie es theoretisch möglich wäre, dass ein Neutrino sein
> eigenes Antiteilchen ist, insbesondere in Anbetracht dessen, dass sich
> beim Übergang in das eigene Antiteilchen ja auch der Spin ändern müsste.

Ist ein bisschen komplex für eine schulische Hausaufgabe, aber kurz gesagt ist die Argumentation folgende:

- in einem Szenario für die Natur der Neutrinos (Majorana) unterscheiden sich Neutrino und Antineutrino nur dadurch, dass in einem Fall der Spin (=Drehimpulsvektor) entgegen der Flugrichtung zeigt, im anderen Fall in Flugrichtung, d.h. der Drehsinn ist verschieden. Wenn ein Teilchen masselos ist (d.h sich mit Lichtgeschwindigkeit bewegt), ist diese Spin-Ausrichtung eine sinnvolle Grösse. Wenn Neutrinos - wie inzwischen bekannt - eine kleine Masse haben, so fliegen sie nicht ganz mit Lichtgeschwindigkeit und man kann sie "überholen". Dabei ändert sich die Flugrichtung (relativ zum Beobachter fliegt das Neutrino "nach hinten"), der Drehimpuls ändert sich aber nicht. Allein durch das Überholen ist damit aus einem Neutrino ein Antineutrino geworden!
- in einem anderen Szenario (Dirac) unterscheiden sich Neutrino und Antineutrino noch durch weitere Quantenzahlen, hier gibt es keine Umwandlung sondern für massive Neutrinos sowohl rechts- wie linksdrehende Neutrinos und Antineutrinos.

Hilft das?
Viele Grüße
Werner Hofmann

Quellenverzeichnis

Literaturverzeichnis

RANFT, JOHANNES: *Bausteine des Universums – Quarks und Leptonen*, Deutscher Verlag der Wissenschaften, Berlin 1991.

CAPELLE, WILHELM: *Die Vorsokratiker, Fragmente und Quellenberichte*, Kröner, Leipzig 1935.

WALOSCHEK, PEDRO: *Neuere Teilchenphysik – Einfach dargstellt*, Aulis Verlag Deubner & CoKG, Köln 1990.

LOHMANN, ERICH: *Einführung in die Elementarteilchenphysik*, 2. überarbeitete und erweiterte Auflage, B.G. Teubner, Stuttgart 1990

SCHUHMACHER, UWE: *Physik der Materie*, Stuttgart 2002

Internetadressen

AMERICAN PHYSICAL SOCIETY, *Physical Review D*, Unterkapitel Volume 55, Issue 1 [01.01.1997],

 URL: http://prd.aps.org/abstract/PRD/v55/i1/p54_1 [Stand: 22.02.2010]

BERGISCHE UNIVERSITÄT WUPPERTAL, *Fachgruppe Physik*, Unterkapitel Experimentelle Teilchenphysik [16.07.2004]

 URL: http://www2.uni-wuppertal.de/FB8/groups/Teilchenphysik/oeffentlichkeit/Higgsboson.html [Stand: 28.03.2010]

DEUTSCHES ELEKTRONEN-SYNCHROTRON DESY, *DESYs KworkQuark*, Unterkapitel Strange Quark,

 URL: http://www.physicsmasterclasses.org/exercises/kworkquark/de/lexikon/lexikon.strangequark/1/index.html [Stand: 23.01.2010]

KARLSRUHER INSTITUT FÜR TECHNOLOGIE, *Institut für Experimentelle Kernphysik*, Unterkapitel Wim De Boer Homepage,

> URL: http://www-ekp.physik.uni-karlsruhe.de/~deboer/html/Lehre/HS_WS0809/Gluon.doc [Stand: 14.02.2010]

MAX-PLANCK-GESELLSCHAFT, *Max-Planck-Institut für Kernphysik in Heidelberg*, Unterkapitel Teilchen- und Astroteilchenphysik,

> URL: http://www.mpi-hd.mpg.de/mpi/fileadmin/files-mpi/Flyer/GERDA_de.pdf
> URL: http://www.mpi-hd.mpg.de/mpi/fileadmin/files-mpi/Flyer/Standardmodell.pdf [Stand: 28.03.2010]

ÖSTERREICHISCHER RUNDFUNK, *ORF on Science*, Unterkapitel Neues aus der Welt der Wissenschaft,

> URL http://sciencev1.orf.at/science/news/63826 [Stand: 22.02.2010]

RHEINISCH-WESTFÄLISCHE TECHNISCHE HOCHSCHULE AACHEN, *Fachgruppe Physik*, Unterkapitel Thomas Hebbeker,

> URL: http://web.physik.rwth-aachen.de/~hebbeker/lectures/sem0304/altenhoefer.pdf [Stand: 15.01.2010]

SCHULZ, JOACHIM, *Quantenwelt*, Diverse Unterkapitel:

Unterkapitel Eigenschaften der Quantenmechanik [09.04.2002],

URL: http://www.quantenwelt.de/quantenmechanik/eigenschaften/ [Stand: 28.12.2009]

Unterkapitel Elementarteilchen, Bosonen [15.03.2006],

URL: http://www.quantenwelt.de/elementar/bosonen.html [Stand: 14.01.2010]

Unterkapitel Kernphysik Kernkräfte [21.11.2004],

URL: http://www.quantenwelt.de/kernphysik/kernkraft/starke.html [Stand: 15.01.2010]

Unterkapitel Elementarteilchen, Leptonen [05.11.2002]

URL: http://www.quantenwelt.de/elementar/leptonen.html [Stand: 15.01.2010]

Unterkapitel Elementarteilchen, Quarks [19.02.2008]

URL: http://www.quantenwelt.de/elementar/quarks.html [Stand: 26.02.2010]

TECHNISCHEN UNIVERSITÄT MÜNCHEN, *Physik Department*, Skriptum zur Kernphysik –
Elementarteilchen – Vorlesung (5./6.Semester),

URL: http://www.e12.physik.tu-
muenchen.de/stud/vorlesungen/kienle/skripten/pkfolien/folien/b1_t.gif

WIKIPEDIA – DIE FREIE ENZYKLOPÄDIE, Diverse Artikel [Stand: 23. Dezember 2009 bis
12. April 2010],

URL:

http://de.wikipedia.org/wiki/Coulombsches_Gesetz

http://de.wikipedia.org/wiki/Boson

http://de.wikipedia.org/wiki/Grundkr%C3%A4fte

http://de.wikipedia.org/wiki/Graviton

http://de.wikipedia.org/wiki/Gluon

http://de.wikipedia.org/wiki/Wolfgang_Pauli#Werk

http://de.wikipedia.org/wiki/W-Boson

http://de.wikipedia.org/wiki/Z-Boson

http://de.wikipedia.org/wiki/Schwache_Wechselwirkung

http://de.wikipedia.org/wiki/Schwache_Wechselwirkung

http://de.wikipedia.org/wiki/Elektron

http://de.wikipedia.org/wiki/Positron

http://de.wikipedia.org/wiki/Myon

http://de.wikipedia.org/wiki/Tau-Lepton

http://de.wikipedia.org/wiki/Neutrino#Neutrinomasse

http://en.wikipedia.org/wiki/Up_quark

http://en.wikipedia.org/wiki/Down_quark

http://en.wikipedia.org/wiki/Strange_quark

http://en.wikipedia.org/wiki/Charm_quark

http://en.wikipedia.org/wiki/Bottom_quark

http://en.wikipedia.org/wiki/Top_quark